L. Ramazeame Loganathan
Subramanian Maheswari

Biologia e identificação de biótipos de mosca branca, Bemisia tabaci

L. Ramazeame Loganathan
Subramanian Maheswari

Biologia e identificação de biótipos de mosca branca, Bemisia tabaci

ScienciaScripts

Imprint

Any brand names and product names mentioned in this book are subject to trademark, brand or patent protection and are trademarks or registered trademarks of their respective holders. The use of brand names, product names, common names, trade names, product descriptions etc. even without a particular marking in this work is in no way to be construed to mean that such names may be regarded as unrestricted in respect of trademark and brand protection legislation and could thus be used by anyone.

Cover image: www.ingimage.com

This book is a translation from the original published under ISBN 978-3-659-80600-1.

Publisher:
Sciencia Scripts
is a trademark of
Dodo Books Indian Ocean Ltd. and OmniScriptum S.R.L publishing group

120 High Road, East Finchley, London, N2 9ED, United Kingdom
Str. Armeneasca 28/1, office 1, Chisinau MD-2012, Republic of Moldova, Europe
Printed at: see last page
ISBN: 978-620-8-08620-6

CONTEÚDO

RECONHECIMENTO

Os nossos sinceros e sentidos agradecimentos ao nosso respeitado **Dr. R. CHITHIRAICHELVAN (DEAN), Escola de Ciências Agrícolas e Florestais, Universidade Tecnológica de Rai, Bangalore,** por nos ter proporcionado todas as facilidades para a realização do nosso estudo.

Agradecimentos especiais aos nossos queridos co-coordenadores de projeto que nos orientaram ao longo do nosso curso de estudo

Estendemos também a nossa gratidão a todos os outros membros do pessoal que gentilmente nos ajudaram em tempo útil.

Gostaríamos também de agradecer sinceramente a todos os meus familiares, amigos e colegas que me deram apoio moral durante os estudos.

Acima de tudo, estamos muito gratos ao Todo-Poderoso pelas suas bênçãos, que nos deram a capacidade de enfrentar todos os desafios deste projeto.

Dr. L.RAMAZEAME Doutoramento (Entomologia Agrícola)

Dr. S. MAHESWARI (Microbiologia Aplicada)

CAPÍTULO 1. INTRODUÇÃO

O tomate *(Lycopersicon esculentum* Mill.) é uma das culturas hortícolas importantes e amplamente cultivadas nas regiões tropicais e subtropicais. Diz-se que é originário da América tropical (Thompson e Kelly, 1957), de onde se espalhou para outras partes do mundo no século XVI e se tornou popular na Índia durante as últimas seis décadas. O tomate é cultivado pelos seus frutos comestíveis, que são consumidos frescos ou sob a forma de vários produtos transformados, como sumo, ketchup, molho, pickles, pasta, puré, *etc.* A indústria hortícola de todo o mundo está a centrar-se no cultivo do tomate, uma vez que este fornece vitamina A, vitamina C e minerais.

O tomate pode ser cultivado durante todo o ano. A nível mundial, o tomate é cultivado numa superfície de 35,46 lakh hectares, com uma produção de 951,87 lakh toneladas. Na Índia, é cultivado numa área de 3,80 lakh hectares, com uma produção de 55,1 lakh toneladas. Em Karnataka, o tomate é cultivado numa superfície de 24,3 mil hectares, com uma produção de 2,8 lakh toneladas (Anónimo, 2000a).

É espantoso constatar que se registou um salto quântico na disseminação do tomate durante as últimas quatro décadas. Na Índia, o tomate foi cultivado numa área de 36 000 ha durante 1960 e a produção foi de 4,58 lakh ha e 74,62 lakh toneladas, respetivamente, com uma produtividade de 16,29 t /ha. Durante o ano de 2009 a 2010, os principais estados produtores de tomate foram Karnataka (1 580 toneladas métricas), Andhra Pradesh (1408,1 toneladas métricas) e Orissa (1391,9 toneladas métricas), com uma produção total de 11 979,7 toneladas métricas (NHB, 2010).

O tomate é atacado por uma vasta gama de insectos, que constituem os principais factores limitantes para o êxito do seu cultivo. Devido à infestação por insectos, foram registadas perdas de até 80% em Bengaluru (Tewari e Krishnamoorthy, 1984). Entre as principais pragas, a mosca branca, *Bemisia tabaci* (Gennadius), foi considerada como tendo um maior impacto negativo na produção de tomate. *A Bemisia tabaci* (Gennadius) (Homoptera, Aleyrodidae) foi descrita há mais de 100 anos como uma praga do tabaco na Grécia e, desde então, tornou-se uma das pragas mais importantes da agricultura mundial. É um inseto que se alimenta do floema e vive predominantemente em espécies herbáceas. Ganhou proeminência internacional em meados e finais da década de 1970 e, desde então, passou a ser uma das pragas mais prejudiciais e mundialmente conhecidas das culturas em campo aberto e protegidas.

A história da *B. tabaci* como praga remonta a 1889. A primeira grande invasão global de que temos conhecimento é a do biótipo B (Médio Oriente-Ásia Menor), que começou algures no final da década de 1980, principalmente através do comércio de plantas ornamentais a partir da sua origem na região do Médio Oriente-Ásia Menor para, pelo menos, 54 países. Nos últimos anos, seguiu-se a propagação global de Q (Mediterrâneo), que se espalhou a partir da sua origem nos países que fazem fronteira com a bacia do Mediterrâneo (De Barro *et al.*, 2011). *B. tabaci* é um complexo de 11 grupos de alto nível bem definidos que contêm pelo menos 24 espécies morfologicamente indistinguíveis.

Os adultos e as ninfas de *B. tabaci* sugam a seiva das plantas da parte inferior das folhas, causando manchas cloróticas. A alimentação contínua afecta a fisiologia da planta, provocando efeitos prejudiciais em todas as fases da cultura. Mais importante é o papel de *B. tabaci* como vetor de vários vírus Gemini, tais como o vírus do enrolamento das folhas do tomate e do quiabo, o vírus do mosaico amarelo do feijão, o vírus do enrolamento das folhas do tabaco, etc. (Muniyappa e Veeresh 1984; Harrison *et al.*, 1991; Markham *et al.*, 1994 e Saikia e Muniyappa, 1989).

A B. tabaci tem-se espalhado pelas regiões tropicais e subtropicais do mundo e tem causado perdas de rendimento no valor de milhares de milhões de dólares a nível mundial (Brown, 1994). As novas estirpes ou biótipos parecem ser mais graves do que as populações originais e são muito difíceis de gerir (Perring *et al.*, 1991). Em 1991, a mosca branca da folha prateada danificou as culturas agrícolas no vale do deserto do sul da Califórnia. As perdas só em Imperial Valley foram estimadas em 129,7 milhões de dólares (Gruenhagen *et al.*, 1993). No sul da Índia, registou-se um surto do vírus do enrolamento da folha do tomateiro em 1999 nos distritos de Kolar e Bengaluru, associado a uma elevada população de B-biótipo de *B. tabaci* (Banks *et al.* 2001).

A incidência do ToLCV em áreas de cultivo de tomate em Karnataka variou entre 17 e 100 por cento em diferentes estações e observou-se uma perda de rendimento de 50 a 70 por cento no tomate Cv. Pusa Ruby cultivado entre fevereiro e maio (Saikia e Muniyappa, 1989). A perda de rendimento excedeu 90 por cento, quando a infeção ocorreu dentro de quatro semanas após a transplantação no campo (Sastry e Singh, 1973; Saikia e Muniyappa, 1989).

A propagação do biótipo altamente polífago de *B. tabaci* e as graves perdas económicas concomitantes resultaram num aumento acentuado da utilização de insecticidas químicos para a sua gestão. Devido à rápida acumulação de resistência nas populações de mosca branca e ao impacto ambiental negativo da utilização intensiva de insecticidas, a abordagem integrada da gestão de *B. tabaci* está a receber mais atenção por parte dos investigadores agrícolas e dos produtores. Um dos principais componentes desta estratégia é a biologia das moscas brancas e a variação genética dos biótipos de moscas brancas utilizando o marcador RAPD indica a diferença a nível genético e ajuda a identificar diferentes estruturas genéticas. O estudo sobre os aspectos acima referidos é muito escasso; por conseguinte, o presente estudo foi realizado com os seguintes objectivos.

1. Biologia da mosca branca em diferentes variedades de tomate e em ervas daninhas hospedeiras.

2. Estudos sobre a identificação de biótipos de mosca branca através de técnicas de marcadores.

CAPÍTULO 2. REVISÃO DA LITERATURA

A literatura sobre alguns aspectos da biologia da mosca branca, *Bemisia tabaci* (Gennadius) no tomateiro e a identificação dos biótipos da mosca branca é revista e apresentada neste documento. A disponibilidade abundante de informações pertinentes sobre alguns aspectos do estudo atual levou à revisão da literatura estreitamente relacionada com a investigação.

2.1 Biologia da mosca branca em diferentes hospedeiros do tomateiro, incluindo o hospedeiro infestante

Origem e dispersão.

Algumas evidências sugerem que *B. tabaci* pode ser originária da Índia ou do Paquistão, onde foi encontrada a maior diversidade de espécies e parasitóides, critério que tem sido considerado uma boa indicação de um epicentro do género (Brown et al., 1995). A filiação evolutiva dos taxa de *Bemisia* dentro da família Aleyrodidae sugere que podem ter tido origem na África tropical e que foram introduzidos muito recentemente nos Neotrópicos e no sul da América do Norte (Campbell *et al.*, 1996).

2.1.1 Gama de anfitriões

Desde 1889, *B. tabaci* foi registada em numerosas localidades nas zonas temperadas quentes e tropicais do mundo, em cerca de 315 plantas hospedeiras (Mound e Halsey, 1978) pertencentes a 63 famílias. Mas, segundo outra estimativa, a gama de hospedeiros de *B. tabaci* consiste em mais de 500 espécies em 75 famílias, incluindo numerosas culturas agrícolas, hortícolas e ornamentais (Greaterhead, 1986).

Descrição

É importante ser capaz de identificar corretamente a mosca branca do tomateiro, visto que a sua suscetibilidade às medidas de controlo é bastante diferente da de outras moscas brancas. A compreensão do ciclo de vida também é importante para o momento adequado das medidas de controlo. A descrição inclui as seguintes fases de vida.

Adultos:

Os adultos da mosca branca do tomateiro têm um tamanho pequeno, com 0,8 mm de comprimento do corpo. Na fase de repouso, as asas brancas cobrem o corpo amarelo-pálido. Habita a superfície inferior das folhas da planta hospedeira e alimenta-se sugando a seiva da planta com as suas peças bucais perfurantes e sugadoras. A cor branca como a neve do inseto é atribuída à secreção de um pó ceroso no seu corpo e nas suas asas (Hoelmer *et al*, 1991).

Ovos:

As fêmeas depositam os seus ovos na superfície inferior das folhas, onde se encontram normalmente agrupadas. O número de ovos depositados por fêmea varia de 50 a 400 ovos (média =160 ovos (Butler *et al,* 1983). Os ovos são muito pequenos, com cerca de 0,2 mm de comprimento e 0,1 mm de largura. Cada ovo está ligado à folha por um pedúnculo; a sua forma é um pouco elíptica, afinando em direção à extremidade não ligada. Os ovos recém-colocados são lisos e de cor amarelo-esbranquiçada, mas tornam-se castanhos quando se aproxima a eclosão, cinco a sete dias após a postura (Butler *et al.,* 1983).

Estádios larvares:

Este inseto passa por quatro instares larvares que variam num tamanho aproximado de 0,3 mm como primeiro instar (rastejantes) a 0,6 mm como quarto instar. O primeiro instar ou rastejante é achatado, de forma oval, e fixa-se na parte inferior da folha, perto da casca do ovo vazia. Permanece aí durante mais três mudas. O terceiro e quarto instares tardios começam a desenvolver manchas oculares distintas e são muitas vezes referidos como instares de olhos vermelhos. Estes estádios imaturos são finos e achatados, de forma elíptica e de cor amarelo-esverdeada (Butler *et al.,* 1983).

Fase de pupa:

No final da fase larvar, a mosca branca entra no que é vulgarmente designado por fase de pupa. A pupa é de cor amarela e tem cerca de 0,7 mm de comprimento. A pupa tem manchas oculares muito proeminentes e é de forma oval e plana, com uma margem externa arredondada (Butler *et al.,* 1983). Quando a mosca branca adulta emerge da pupa, deixa uma fenda dorsal distintiva em forma de T na caixa da pupa.

2.1.2 Biologia da mosca branca, *B. tabaci*

O ciclo de vida da mosca branca do tomateiro, do ovo ao adulto, requer 2-3 semanas em clima quente, mas pode demorar até 2 meses em condições frias (Butler *et al.,* 1983).

A oviposição ocorre de 1 a 8 dias após o acasalamento (período de pré-oviposição). O tempo de vida do adulto varia entre 6 e 55 dias, consoante a temperatura. A reprodução pode ocorrer com ou sem cópula. As fêmeas não acasaladas podem reproduzir-se por partenogénese, caso em que a fêmea produz apenas descendência masculina (Butler *et al.,* 1983). À medida que o ciclo de vida progride de uma fase para outra, ocorre a muda e as peles fundidas (particularmente das pupas) permanecem nas folhas. Estas estruturas são vazias, de cor prateada e assemelham-se a pequenas escamas de peixe nas folhas.

O número de ovos produzidos por fêmea também foi maior em tempo quente do que em tempo frio.

A taxa de reprodução da mosca branca da batata-doce varia consoante a planta hospedeira (Arnal *et al.*, 1993a).

Salas e Mendoza (1995) estudaram o desenvolvimento e a oviposição da mosca branca do tomateiro, *B. tabaci*, em folíolos de tomateiro em condições laboratoriais (25°C e 65% H.R.). Foram registados três instares ninfais e uma forma de transição. A duração em dias do ovo, das ninfas e da forma de transição foi: ovo 7,3 ± 0,5; primeiro instar 4,0 ± 1,0; segundo instar 2,7 ± 1,1; terceiro instar 2,5 ± 0,7; quarto instar-pupa 5,8 ± 0,3. O ciclo de vida total, desde o ovo até à emergência do adulto, foi de 22,3 dias. A longevidade dos adultos foi de 19,0 ± 3,3 e 19,4 ± 5,8 para as fêmeas e os machos, respetivamente. A pré-oviposição durou 1,4 ± 0,7 e a oviposição 16,7 ± 3,2 dias. A fecundidade foi de 194,9 ± 59,1 ovos por fêmea, enquanto a viabilidade dos ovos foi de 86,5 por cento. A razão sexual foi de 1: 2,7 macho-fêmea. As fêmeas virgens eram partenogenéticas, do tipo arrhenotoky.

Wang *et al.* (1996) estudaram o desenvolvimento, a sobrevivência e a reprodução da mosca branca do tomateiro, *B. argentifolii* Bellows & Perring, na beringela a 6 temperaturas constantes (15, 20, 25, 27, 30 e 35°C). O tempo de desenvolvimento do ovo ao adulto variou de 105 dias a 15°C a 14 dias a 30°C. Um limiar de desenvolvimento comum para todas as fases imaturas foi estimado em 12,5°C. A sobrevivência do ovo ao adulto foi de 89% a 25°C; a 15 e 35°C, a sobrevivência foi de 40 e 37%, respetivamente. A longevidade média das fêmeas adultas variou entre 44 dias a 20°C e 10 dias a 35°C. A oviposição (ovos por fêmea) de *B. argentifolii* variou de 324 a 20°C a 22 a 35°C. Os parâmetros da tabela de vida foram determinados a 5 temperaturas constantes (20, 25, 27, 30 e 35°C). Os tempos médios de geração das populações variaram de 46 dias a 20°C a 18 dias a 30°C. Os efeitos adversos da temperatura elevada (35°C) foram evidenciados por um desenvolvimento prolongado, uma longevidade reduzida dos adultos e uma fecundidade reduzida. A gama óptima de temperaturas para o crescimento da população de *B. argentifolii* foi de 20 a 30°C.

Chaudhuri *et al.* (2001) estudaram a população de mosca branca *(Bemisia tabaci* Genn.) no tomate na região terai de Bengala Ocidental. A população atingiu o nível mais elevado (1,68/planta) em meados de fevereiro e manteve-se elevada de meados de fevereiro a meados de março. Todas as fases de desenvolvimento registadas foram mais longas (40 dias) em dezembro-janeiro e mais curtas (19,57 dias) em outubro-novembro. A temperatura e a humidade relativa foram registadas em 21,13-25,600C, 26,98-29,200C e 60,58, 71,87 por cento, respetivamente. O ciclo de vida foi negativamente correlacionado com a temperatura e a humidade relativa, indicando que a praga era biologicamente mais ativa durante a parte mais seca da estação de crescimento da cultura.

Lin e Ren (2005) relataram os efeitos de quatro plantas ornamentais comerciais no desenvolvimento, sobrevivência e reprodução da mosca branca B biótipo *B. tabaci* em laboratório (temperatura 26 ± 1 °C; humidade relativa 75 a 90 por cento; L: D 14:10). A sobrevivência total desde o ovo até ao adulto em hibisco *(Hibiscus rosasinensis* L.), poinsétia *(Euphorbia pulcherima* Will) e hibisco de algodão *(Hibiscus mutabilis* L.) e cróton de folhas variegadas *(Codiaeum variegatum 'aucubaefolium')* foi de 33,69, 40,55, 79,11 e 29,39 por cento, respetivamente. Os períodos de desenvolvimento desde o ovo até ao adulto variaram entre 23,12 dias no hibisco de algodão e 32,13 dias no hibisco. A longevidade média das fêmeas adultas variou de 6,87 dias em croton de folhas variegadas a 21,07 dias em poinsettia. O número médio de ovos postos por fêmea foi de 9,20, 25,13, 54,45 e 26,79 nos respectivos hospedeiros acima referidos. Com base na análise da tabela de vida das populações de mosca branca, o hibisco do algodoeiro foi o hospedeiro mais adequado.

Ndiaye (2007) estudou o tempo de desenvolvimento desde o ovo até ao adulto da mosca branca do tomateiro, *B. argentifolii,* criada em poinsétia *Euphorbia pulcherima,* que foi de 22 ± 0,56 dias a 25 ± 1°C, 70 por cento de RH e 13½, L: 10½, D. A longevidade de uma fêmea foi de 23,7 ± 4,7 dias, que foi mais longa do que a de um macho (17,2 ± 4,7 dias). A razão sexual (fêmea: macho) foi de 1,7:1 e a fecundidade média da fêmea foi de 170 ovos. A taxa máxima de reprodução num dia foi de 17 ovos e a fecundidade máxima foi de 236 ovos.

Islam e Shunxiang (2007) estudaram a biologia e os parâmetros da tabela de vida em três variedades de tomate *(Lycopersicon lycopersicum* (L.) Karst), nomeadamente Man Yuan Hong (MYH), Hong Mei Wang (HMW) e o híbrido F1 Hong Yue Lian Cherry (HYLC). O tempo de desenvolvimento mais longo (21,80±0,74) e o mais curto (19,10±1,2) foram registados nas variedades HYM e HYLC, respetivamente. Foram investigadas as taxas de sobrevivência mais elevadas (24,28%) do ovo ao adulto na variedade MYH e as taxas de sobrevivência mais baixas (16,90%) na variedade HYLC. A fecundidade vitalícia e a fecundidade média diária variaram entre as espécies hospedeiras, com a fecundidade mais elevada no tomate HMW.

2.1.3 Biologia de Bemisia tabaci em plantas infestantes hospedeiras

Ganesha Naik *et al.* (2003) estudaram as sessenta e quatro espécies de infestantes para detetar a preferência por *Bemisia tabaci* que ocorre nas infestantes comuns existentes nos campos de tomate e à sua volta, em condições naturais, durante três estações. Entre 39 espécies de infestantes infestadas com *B. tabaci* durante diferentes estações, verificou-se que a infestante *Euphorbia geniculata* Ortega era um dos importantes reservatórios hospedeiros de *B. tabaci.* Os diferentes estádios de desenvolvimento, incluindo as pupas, foram encontrados mais durante o verão do que nas estações Kharif e Rabi, e também se verificou que os diferentes estádios de desenvolvimento, incluindo as pupas, eram ligeiramente mais frequentes em espécies de infestantes do que em espécies de infestantes saudáveis em todas as estações. 2.2 Estudos sobre a identificação do biótipo da mosca branca através de técnicas de marcação

Gawel e Bartlett (1993) estudaram o biótipo B da mosca branca do tomateiro, *B. tabaci.* A classificação taxonómica dos biótipos A e B de *B. tabaci* não é clara. Utilizaram RAPD-PCR para demonstrar as diferenças de ADN entre os biótipos A e B deste inseto. Todos os vinte iniciadores RAPD testados distinguiram prontamente entre os biótipos. O ADN extraído de ovos e ninfas individuais mostrou diferenças idênticas. As estatísticas de semelhança genética baseadas em RAPD indicam que estes dois biótipos de *B. tabaci* não eram mais semelhantes entre si do que com duas outras espécies de mosca branca: mosca-branca-da-bahia (*Parabemisia myricae*) ou mosca-branca-das-faixas (*Trialeurodes abutilonea*). Estes resultados indicam que a RAPD-PCR pode ser útil para distinguir organismos estreitamente relacionados.

Frohlich e Brown (1994) referiram que o nível genético forneceu provas adicionais que corroboram o polimorfismo entre membros do complexo *B.tabaci*, utilizando análises RFLP e RAPD. Estes estudos foram concebidos para obter informações sobre a variabilidade genética das moscas brancas, considerando os membros do complexo *B.tabaci*. A investigação de uma sequência-alvo específica do ADN 16Sr sugere que esta região é potencialmente útil como marcador genético ao nível das subespécies, permitindo obter informações sobre a variabilidade ao nível do genoma mitocondrial. Uma comparação preliminar das sequências do genoma da mosca branca indicou graus substanciais de variabilidade genética entre biótipos de origem do hemisfério oriental.

Lima *et al.* (2000) estudaram a linhagem de poinsétia, mosca branca da folha prateada ou biótipo B de *B. tabaci* detectada no Brasil. RAPD-PCR foi usado para pesquisar o biótipo B e outros biótipos de *B. tabaci* no Brasil. As moscas brancas foram coletadas de plantas cultivadas e ervas daninhas de 57 localidades diferentes e em 27 culturas distintas. Análises de RAPD usando dois primers selecionados de 10-mer identificaram com segurança o biótipo BR e o biótipo B de *B. tabaci* e também diferenciaram outras espécies de mosca-branca. A presença do biótipo B foi confirmada em 20 estados brasileiros. Verificou-se que os biótipos BR e B de *B. tabaci* coexistem nas populações de mosca-branca de três localidades diferentes: Jaboticabal, SP; Rondonópolis e Cuiabá, MT, e Goiânia, GO.

Abdullahi *et al.* (2003) estudaram as populações de *B. tabaci* (Gennadius) na mandioca e noutras plantas. Neste estudo, foram utilizados marcadores polimórficos amplificados aleatórios de ADN-reação em cadeia da polimerase (RAPD-PCR) para examinar a estrutura genética das populações. O dendrograma obtido utilizando o método de união de vizinhos (NJ) separou as populações associadas à mandioca dos tipos não associados à mandioca com uma probabilidade de bootstrap de 100 por cento. Os fragmentos RAPD revelaram que

63.2 por cento da variação total foi atribuída a diferenças entre populações, enquanto as diferenças entre grupos (hospedeiro) e dentro das populações representaram 27,1 e 9,8 por cento, respetivamente. A análise da região ITS 1 (internally transcribed spacer region I) do ADN ribossómico confirmou que as populações de *B. tabaci* da mandioca eram distintas das populações não provenientes da mandioca. Experiências para estabelecer populações de mosca-branca em várias plantas hospedeiras revelaram que as populações associadas à mandioca eram restritas apenas à mandioca, enquanto *B. tabaci* de outros hospedeiros eram polífagos, mas não colonizavam a mandioca. Assim, as populações de *B. tabaci* da mandioca em África representam um grupo distinto.

Chu *et al.* (2007) referiram que duas variantes potencialmente invasivas, os biótipos B e Q, se encontram em várias regiões da China. O objetivo era determinar o estatuto dos biótipos e a distribuição de *B. tabaci* na província de Shandong, uma importante região agrícola da China. Com base no marcador de ADN mitocondrial, foram detectados os biótipos B e Q, sendo B o biótipo predominante. Os resultados indicaram que o biótipo Q, introduzido mais recentemente, não só foi localizado na China, como também se estabeleceu nesta região. Perumal *et al.* (2009) opinaram que a natureza polifágica da praga faz dela uma espécie altamente complexa. Dez primers RAPD do total de dezassete primers analisados produziram 236 marcadores. O número total de bandas obtidas de cada iniciador variou entre 11 e 35, com uma média de 23,60 bandas por iniciador. Da combinação de pares entre treze espécies, a população de Srivilliputhur apresentou o índice de semelhança mais elevado (0,826), enquanto o mais baixo (0,111) foi registado pela população de Namakkal. O coeficiente de semelhança baseado nos 236 marcadores RAPD gerados variou entre 0,111 e 0,826. Foram formados três grupos principais a partir do dendrograma UPGMA, que foi construído com base na semelhança de Jaccard. O rastreio por PCR demarcou a população de mosca branca com base nas espécies hospedeiras. O primeiro grupo incluiu a população recolhida do quiabo e do algodão, enquanto o segundo grupo incluiu a população da beringela e da couve-flor e o terceiro grupo incluiu a população da planta do ovo. Verificou-se que a população de algodão e quiabo tinha 50% de semelhança, enquanto 60-70% de semelhança foi observada para a população de beringela e couve-flor. A investigação ofereceu a pista de que, numa região geográfica estreita, existe uma variação baseada nas plantas hospedeiras utilizadas pela população de mosca branca. A utilização de RAPD - PCR para identificar os biótipos B da mosca branca *B.tabaci* e distingui-los de outros biótipos e espécies de mosca branca. A técnica permite a utilização de materiais preservados em álcool, tal como exigido pela eletroforese de aloenzimas, e demonstra que podem ser utilizados ovos, fases juvenis e machos ou fêmeas (De Barro e Driver, 1997).

CAPÍTULO 3. MATERIAL E MÉTODOS

Os locais experimentais escolhidos para o estudo de campo situam-se em Hadonahalli KVK, distrito rural de Bangalore. Os estudos, para além das experiências de campo, foram realizados no laboratório entomológico, Departamento de Entomologia Agrícola, Universidade Tecnológica de Rai, Bengaluru. Os materiais utilizados e a metodologia adoptada durante a investigação são descritos de forma sucinta e objetiva neste capítulo.

3.1 Biologia da mosca branca em diferentes variedades de tomate e ervas daninhas

As experiências sobre a biologia da mosca branca, *Bemisia tabaci* (Gennadius), foram realizadas no Departamento de Entomologia da Universidade Tecnológica de Rai, Bengaluru, Karnataka, Índia, durante o ano de 20014-2015. Inicialmente, a mosca branca foi recolhida de plantas de algodão em estufa e libertada em plantas de tomate durante uma a duas gerações, que serviram de colónia de reserva. Os adultos da terceira geração, que foram mantidos na planta do tomateiro, foram utilizados para infestar os materiais de ensaio em estudos posteriores.

3.1.1 Cultura de plantas hospedeiras

As sementes de três cultivares de tomate, nomeadamente Arka Vikas, Avinash -II e Arka Abha, foram colhidas no Instituto Indiano de Investigação Hortofrutícola (IIHR), Bangalore, e foram semeadas em vasos de barro para criar as plântulas. As mesmas plântulas de três cultivares de tomate foram utilizadas para estudar a biologia da mosca branca. As experiências tiveram cinco tratamentos e foram repetidas quatro vezes. Foram seguidos os pacotes de práticas recomendados para obter plântulas saudáveis, exceto as medidas de proteção das plantas. As plantas de tomate que atingiram o estádio de quatro folhas foram utilizadas para estudos posteriores.

3.1.2 Estudos de desenvolvimento

Um par de moscas brancas adultas, composto por um macho e uma fêmea da colónia de reserva, foi recolhido através de um aspirador. Foram libertados para um saco de polietileno com orifícios que cobria os folhetos selecionados de plantas em vaso de Arka Vikas, Avinash-II, Arka Abha, Euphorbia spp e rabanete selvagem, mantidos durante 24 h para a oviposição dos ovos (Musa, 2003; Musa e Ren, 2005). Cada espécie de planta foi colocada na gaiola com condições experimentais controladas a 25±10C, humidade relativa de 70±10 por cento e fotoperíodo de 12h L: 12 h D para os estudos de desenvolvimento. Após 24 horas, foram contados os períodos de pré-oviposição, oviposição, ninfa, pupa, adulto, ciclo de vida total, macho adulto e fêmea adulta, respetivamente, e registados diariamente ao microscópio.

3.1.3 Análise de dados

Foi calculado o tempo de desenvolvimento dos ovos até à fase adulta. O período de vida total da mosca-branca foi analisado entre os tratamentos em três cultivares de tomate e algumas espécies de ervas daninhas. Os dados foram analisados usando o desvio padrão (SD), usando o software IRRISTAT (1993), (IRRISTAT, IRRI, 1993).

3.2 Estudos sobre a identificação de biótipos de mosca branca através de técnicas de marcadores

3.2.1 Preservação de amostras de mosca branca recolhidas em diferentes locais.

As moscas brancas foram recolhidas utilizando um aspirador e foram paralisadas mantendo um algodão embebido em álcool a 70% na boca do tubo do aspirador e transferidas para um pano preto. Posteriormente, foram transferidas para um tubo eppendorf de 1,5 ml contendo álcool a 70%. O tubo eppendorf foi devidamente selado com parafilme e as amostras foram etiquetadas com os pormenores do número da amostra, local e data. As amostras foram levadas para o laboratório e armazenadas a 4 °C até ao processamento posterior.

3.2.2 Remoção de moscas brancas do álcool em tubos de ensaio

As moscas brancas foram retiradas do tubo com álcool com a ajuda de uma escova de pelo de camelo e colocadas numa tira de parafilme. Uma única mosca branca foi transferida para um tubo de microcentrifugação de 1,5 ml. A escova de pelo de camelo foi lavada em hipocloreto de sódio a 10% seguido de SDW antes de ser utilizada para transferir as moscas brancas durante o estudo. Extração de ADN de adultos de *B. tabaci* O ADN foi extraído de adultos individuais de mosca branca *B. tabaci* recolhidos em diferentes locais e biótipos de *B. tabaci* mantidos em estufa. O protocolo de De Barro e Driver (1997) foi ligeiramente modificado e utilizado para a extração de ADN.

Componentes da reserva de exação

50 mM KCl

10 mM Tris ph 8.4

0,45%Tween 20

0,2% Gelatina

0,45% NP 40 500-?g/ml Proteinase K

1. Uma única mosca branca foi transferida para um tubo de microcentrifugação de 1,5 ml, ao qual foram adicionados 25 ?l de tampão de extração e a mosca branca foi completamente triturada com um triturador cónico.

2. As amostras foram submetidas a uma pequena centrifugação a 10000 rpm durante 1 min. e o homogenato foi incubado a 65oC durante 30 min.

3. Após a incubação, foi feito um pequeno orifício na parte superior do tubo eppendorf para libertar a pressão durante a ebulição e foi centrifugado durante 30 a 60 segundos.

4. As amostras foram fervidas durante 10 min. para inativar a proteinase K e depois centrifugadas durante 30 segundos à velocidade máxima de 13000 rpm.

5. Adicionaram-se 25 ?l de água destilada esterilizada para obter uma amostra final a -20° C.

Perfil RAPD -PCR para moscas brancas

Reagentes

1. tampão PCR

200 m M Tris (ph 8.3)	1.0 ml
500 m M KCl	2,5 ml
0,01 por cento de gelatina	0,5 mg
H2O (DW)	1,0 ml

2. Detalhes sobre dNTP e primers

Transferiu cada 25 ?l de dATP, dCTP, dGTP e dTTP de um stock de 100 mm para um tubo eppendorf e diluiu até dez vezes, obtendo uma concentração final de cada dNTP de 2,5 mM

3. Primários

O iniciador aleatório universal desenvolvido pela operan technologies foi utilizado para amplificar o ADN de *B. tabaci*.

Primer OPA02 (kit operan): 5'- TGCCGAGCTG-3'

OPA11 (kit operan): 5'- CAATCGCCGT-3'

OPB11 (kit operan): 5' - GTAGACCCGT-3'

OPA20 (kit operan): 5'- GTTGCGATCC-3'

OPA13 (kit operan): 5'- CAGCACCCAC-3'

H16 (kit operan): 5'- TCTCAGCTGG-3'

Programa PCR:

N.º de ciclos	Temperatura (° C)	Duração (minutos)

1	94	5
	94 (Desnaturação do ADN)	1
40	37 (Recozimento do iniciador)	1
	72(Extensão do iniciador)	1
1	72	10
	10	Manter

Procedimento

1. Os tubos eppendorf rotulados (0,5 ml) foram mantidos em cristais de gelo.

2. ADN extraído de mosca branca adulta juntamente com ADN de biótipos indígenas e biótipos B de *B.tabaci* para PCR.

3. A mistura PCR foi preparada adicionando os seguintes ingredientes a um tubo eppendorf.

Ingredientes PCR	Volume em ?l por tubo
Água destilada esterilizada	13.45
Tampão 10x	2.50
25 mm mgcl2	2.00
2,5 mm dNTPS	1.50
20 ?m de escorva	0.25
	0.30
Taq polimerase (5? /?l)	
Amostra de ADN (ng)	5.00
	25.00

Após a preparação da mistura, procedeu-se a uma breve centrifugação. Uma gota de óleo mineral foi colocada sobre a mistura de PCR e inserida nos poços de um termociclador (Techne Genius) e amplificada seguindo as condições de PCR. Após a reação, os produtos amplificados foram analisados num gel de agarose a 1,5 por cento.

Análise dos produtos PCR

Reagentes:

Tampão Tris borato EDTA (TBE)

5 x stocks (450 mm Tris-borato, 10 mM EDTA

	Por litro
Tris	54 g
Ácido bórico	27.5 g
EDTA	20 ml de caldo 0,5 m

1. Corante de carga laranja

	Por 100 ml
15 por cento (w/v) Ficoll 400	15 g
0,25 por cento (w/v) de laranja G	0.25 g
40 mM EDTA, ph.8.0	8 ml de EDTA 0,5 M

Os produtos amplificados da PCR foram carregados num gel de agarose a 15 % (p/v) em tampão de eletroforese 0,5 X TBE. Antes de carregar o gel, misturaram-se 20 µl de produto da amostra com 4 µl de corante de carga 6 x (Orange g). A eletroforese foi efectuada a 90 Volts por cm até o corante atingir o fim do gel. Os produtos foram visualizados através da coloração do gel com 1 ?g por ml de brometo de etídio durante 30 minutos e fotografados com uma câmara CCD fotodyne minvisionary sob um transiluminador UV. O marcador de tamanho de ADN de um Kb (Gibco BRL) foi carregado no gel juntamente com os produtos amplificados para estimar o tamanho dos produtos.

Análise de dados do perfil de amplificação da PCR

O tamanho do par de bases (pb) do produto amplificado e os dados obtidos através da pontuação do perfil RAPD dos seis primers individualmente foram submetidos a uma análise de agrupamento. Os produtos de amplificação por PCR das cinco amostras foram classificados como presença (1) ou ausência (0) de bandas. A matriz de dados foi utilizada para calcular o coeficiente de semelhança euclidiana. Isto não considera a ausência conjunta de um marcador como uma indicação de semelhança. Os valores de semelhança foram utilizados para a análise de agrupamentos Sequencial Agglomerative Hierarchial Non-overlapping (SAHN), utilizando o método Unweighted Pair Group Method with Arithmetic Average (UPGMA). Esta análise foi efectuada utilizando o software STATISTICA-pc.

CAPÍTULO 4. RESULTADOS

Os resultados da investigação efectuada sobre a biologia da mosca branca, *Bemisia tabaci* (Gennadius) no tomate e a identificação do biótipo da mosca branca durante 2014 - 2015 em Doddaballapur, Hadonahalli KVK, Rai Technology University, Bengaluru são apresentados a seguir.

4.1. Biologia da mosca branca do tomateiro

O desenvolvimento biológico de *B. tabaci* foi indicado pelo tempo necessário para passar de uma fase de vida para outra durante o seu ciclo de vida. O período de pré-oviposição mais baixo foi registado em Arka vikas (1,33±0,33 dias) e aumentou em Avinash -II (2,10±0,69 dias) seguido de Arka abha (2,88±0,50 dias). No entanto, o período de oviposição foi inferior a 6 dias. Isto indicou que, entre as cultivares de tomate, a mosca branca preferiu Arka abha para a sua oviposição. Entre as diferentes cultivares de tomate, a mosca-branca manteve o seu período de oviposição de 5,11±1,16 dias em Arka abha, seguida de Avinash-II (2,33±0,33 dias) e Arka vikas (2,21±0,50 dias), enquanto o período mínimo de oviposição de 10,22±0,69 dias foi registado em Arka vikas. O período de postura mais elevado, ou seja, 12,22±1,34 dias, foi registado na Arka abha.

A mosca branca criada em Arka abha apresentou o período ninfal e pupal mais longo, ou seja, 11,66±0,66 dias e 7,21±0,50 dias, respetivamente. Enquanto o período ninfal e pupal mais curto, de 8,33±0,33 dias e 3,66±0,66 dias, respetivamente, foi registado em Arka vikas. A cultivar Avinash-II registou o período de desenvolvimento adulto mais elevado da mosca branca (3,66±0,88 dias) entre as três cultivares de tomate testadas. O período de desenvolvimento de adultos mais baixo, de 2,99±0,57 dias, foi registado em Arka abha.

O ciclo de vida da mosca branca em Arka abha foi o mais longo, ou seja, 42,09±2,58 dias. Enquanto o período mais curto do ciclo de vida, ou seja, 28,86±1,70 dias, foi registado em Arka vikas. Com base nos resultados obtidos neste estudo, *B. tabaci* necessitou de menos tempo para completar o seu ciclo de vida em Arka vikas, enquanto a longevidade mais longa das fêmeas adultas e a mais curta dos machos, ou seja, 12,55±0,38 dias e 4,21±0,50 dias, foram registadas, respetivamente, em Arka abha e Arka vikas (quadro 1). (Fig. 1).

4.1.1 Biologia da mosca branca em plantas infestantes

O período de pré oviposição mais baixo foi registado em *Euphorbia spp* (1,11±0,19 dias), seguido de rabanete selvagem (1,33±0,33 dias). No entanto, o período de oviposição foi inferior a 3 dias. Isto indicou que, entre as ervas daninhas, a mosca branca preferiu *Euphorbia spp* para a sua oviposição. Entre as duas ervas daninhas, registou-se um período de oviposição significativamente mais elevado (2,33±0,33 dias) na *Euphorbia spp.* O período de oviposição mais elevado, ou seja, 5,55±0,69 dias, foi registado na *Euphorbia spp.* enquanto que o período de oviposição mais baixo, de 4,66±0,33 dias, foi observado no rabanete selvagem.

As moscas brancas criadas em *Euphorbia spp.* apresentaram o período ninfal e pupal mais longo, ou seja, 7,66±0,88 dias, 4,55±0,50 dias, respetivamente, enquanto o período ninfal e pupal mais curto, ou seja, 6,33±0,33 dias, 4,10±0,50 dias, respetivamente, foi registado em rabanete selvagem. O período de desenvolvimento adulto mais elevado da mosca branca (1,77±0,19 dias) foi registado em *Euphorbia spp.* Enquanto que o período de desenvolvimento adulto mais baixo, de 1,55±0,50 dias, foi registado em rabanete selvagem.

O ciclo de vida da mosca branca, ou seja, 22,98±2,08 dias, foi registado em *Euphorbia spp.* enquanto o ciclo de vida mais curto, de 20,20±0,76 dias, foi registado em rabanete selvagem, respetivamente (quadro 2). Com base nos resultados, foi necessário menos tempo para *B. tabaci* completar o seu ciclo de vida no rabanete selvagem. No entanto, a longevidade mais longa da fêmea adulta e a mais curta do macho, ou seja, 6,22±0,84 dias e 2,77±0,38 dias, respetivamente, foram registadas em *Euphorbia spp.* e rabanete selvagem, respetivamente (Fig. 2)

4.2. Estudos sobre a identificação de biótipos de mosca branca através da técnica de marcadores

4.2.1 Identificação de biótipos de mosca branca utilizando marcadores RAPD

Dois dos seis iniciadores selecionados produziram bandas claras por RAPD e foram submetidos a análise. Estes dois iniciadores amplificaram um total de 27 locus. O número total de bandas claras obtidas a partir de um iniciador variou entre 11 (OPB11) e 16 (H16), com uma média de 12,33 bandas por iniciador. O tamanho dos amplicões variou entre 100 pb e 1000 pb, tendo sido obtidas bandas claras resolvidas (par de bases) de 220 pb no caso dos primers OPB11 e H16. O padrão de amplificação RAPD é apresentado na Fig. 1-6 para ilustração. As bandas de ADN do padrão RAPD produzidas pelos iniciadores variaram na fase de seleção dos iniciadores e também na análise final.

Os resultados obtidos com a amplificação dos iniciadores OPB 11 e H16 em diferentes amostras destas cinco populações mostram que os electroferogramas dos insectos pertencentes ao biótipo "B" apresentam uma banda de 220 pb.

Nas figuras 3 e 4, as amostras de todos os locais (Chikkaballapur, Hadonahalli, Kolar, MRS (Main Research Station, Hebbal) e GKVK) apresentaram uma banda de 220 pb, indicando que pertencem ao biótipo "B". As relações genéticas entre as populações são apresentadas nos quadros 3 e 4.

O coeficiente de semelhança das distâncias euclidianas com base em 74 marcadores RAPD variou entre 2,00 e 4,47 (Fig. 5). Da combinação de pares entre cinco amostras de mosca branca, a população GKVK apresentou o índice de semelhança mais elevado (4,47), enquanto o mais baixo (2,00) foi registado pela população Kolar. Foi construído um dendrograma UPGMA baseado no coeficiente de semelhança euclidiana para as cinco amostras de mosca branca. O dendrograma evidenciou três grupos principais, *nomeadamente* A e B. O rastreio PCR demarca a população de mosca branca com base nas localizações. O grupo principal B foi novamente dividido em grupos menores, *nomeadamente* B_1 e B_2. Os grupos menores B_1 e B_2 incluíam a população de plantas hospedeiras de tomate das áreas MRS e GKVK. O agrupamento principal A foi dividido em A_1 e A_2. O agrupamento secundário A_2 é ainda dividido em A_3 e A4. O grupo menor A_i e A_2 representava a população de moscas brancas recolhida do tomateiro em Chikkabalapur, Hadonahalli e Kolar, respetivamente (Fig. 3 e 4).

O dendrograma mostrou que a população de mosca branca de Hadonahalli e Kolar tinha um índice de semelhança de distância euclidiana de 2,00, enquanto o índice de semelhança de distância euclidiana de 4,47 foi observado para a população de MRS e GKVK.

CAPÍTULO 5. DEBATE

Foi efectuada a presente investigação sobre "Biologia da mosca branca, *Bemisia tabaci* (Gennadius) no tomate e identificação do biótipo da mosca branca através da técnica de marcadores". Os resultados obtidos são discutidos a seguir.

5.1 Biologia da mosca branca em hospedeiros de tomate e ervas daninhas

Durante a presente investigação, o período de pré-oviposição e oviposição em três cultivares de tomate variou entre 1,33±0,33 e 2,88±0,50 dias. O período mais longo de pré-oviposição e oviposição da praga durante o presente estudo foi registado na cultivar Arka abha. Entre as três cultivares de tomate, nomeadamente Arka abha, Arka vikas e Avinash-II, o período de ovo e ninfa foi máximo, ou seja, 12,22±1,34 dias e 11,66±0,66 dias na Arka abha e mínimo na Arka vikas, ou seja, 10,22±0,69 e 8,33±0,33 dias, respetivamente. O período pupal e adulto mais elevado foi registado em Arka abha e Avinash-II, ou seja, 7,21±0,50 dias e 3,66±0,88 dias, seguidos de Arka vikas. O período de ciclo de vida total mais longo (42,09±2,58 dias) entre as cultivares de tomate testadas, o ciclo de vida mais curto da mosca branca foi observado em Arka vikas. O período mais elevado de adultos machos (10,44±0,84 dias) e fêmeas (12,55±0,38 dias) foi registado em Arka abha e seguido de Arka vikas e Avinash -II.

Estes resultados estão em corroboração com os resultados de Chaudhuri *et al.* (2001) que observaram que a população de mosca branca no tomate atingiu o máximo (1,68/planta) durante meados de fevereiro e que o nível elevado da população se manteve de meados de fevereiro a meados de março, quando a temperatura, a humidade relativa, as horas de sol/dia e a precipitação foram as mais elevadas. Verificou-se que a temperatura, a humidade relativa e a precipitação estão negativamente correlacionadas com a população de mosca branca. Em condições de laboratório, a praga foi biologicamente mais ativa durante outubro-novembro. Todos os períodos das fases de desenvolvimento registaram períodos mais longos durante dezembro-janeiro e foram mais curtos durante outubro-novembro. Assim, a duração do ciclo de vida foi mais longa (40 dias) durante dezembro-janeiro, quando a temperatura e a humidade relativa foram registadas em 21,13-25,60⁰ C e 60,58%, respetivamente, sendo mais curta durante outubro-novembro (19,57 dias) a 26,98-29,20⁰ C, temperatura e 71,87% de humidade relativa. A duração das diferentes fases da vida e, consequentemente, do ciclo de vida, foi negativamente correlacionada com a temperatura e a humidade relativa, indicando que a praga era biologicamente mais ativa durante a parte mais seca da estação de crescimento da cultura. As conclusões do presente estudo estão de acordo com os estudos anteriores.

Salas e Mendoza (1995); Byrne e Bellows (1991) que registaram que os ovos, ninfas e formas de transição foram: ovo 7,3 ± 0,5 dias; primeiro instar 4,0 ± 1,0 dias; segundo instar 2,7 ± 1,1 dias; terceiro instar 2,5 ± 0,7 dias; e quarto instar-pupa 5,8 ± 0,3 dias. O ciclo de vida total, desde o ovo até à emergência do adulto, foi de 22,3 dias. A longevidade dos adultos foi de 19,0 ± 3,3 dias e 19,4 ± 5,8 dias para as fêmeas e machos, respetivamente. A pré-oviposição durou 1,4 ± 0,7 e a oviposição 16,7 ± 3,2 dias. A fecundidade foi de 194,9 ± 59,1 ovos por fêmea, enquanto a viabilidade dos ovos foi de 86,5 por cento. Os relatórios dos estudos efectuados por Islam e Shunxiang (2007) também estão de acordo com os presentes resultados, em que o tempo de desenvolvimento mais longo (21,80 ± 0,74 dias) e o mais curto (19,10 ± 1,2 dias) foram investigados nas cultivares de tomate HYM e HYLC, respetivamente, o que está de acordo com os presentes resultados.

Martin (1999) registou que a mosca branca de estufa demora 2 dias a 22° C antes de poder pôr ovos (período de pré-oviposição) e em tomates a esta temperatura pode pôr 6 ovos por dia. A 22° C, no tomateiro, o tempo necessário para cada fase juvenil foi o seguinte: ovo, 7 dias; ninfa 1, 4 dias; ninfa 2, 4 dias; ninfa 3, 4 dias; ninfa 4 e pupa, 9 dias; cada desenvolvimento cessa abaixo de 8° C e acima de 35° C e a postura de ovos pára abaixo de 7° C. Os resultados do presente estudo estão em consonância com Butler *et al.* (1983), que relataram que o desenvolvimento das fases de ovo variou de 22,5 dias a 16,7° C a 5,0 dias a 32,5° C, enquanto o ovo não eclodiu a uma temperatura constante de 36,0° C. O tempo total de desenvolvimento desde o ovo até ao adulto variou entre 65,1 dias a 14,9° C e 16,6 dias a 30,0° C. Os machos viveram uma média de 7,6 e 11. 7 dias e a fêmea viveu uma média de 8,0 e 10,4 dias, a 26,7 e 32,2° c, respetivamente.

A biologia detalhada de *B. tabaci* foi estudada em dois hospedeiros infestantes, *nomeadamente Euphorbia spp e* rabanete selvagem. O período de pré-oviposição e oviposição da mosca branca em duas espécies de ervas daninhas variou de 1,33±0,33 a 2,33±0,33 dias. O período de pré-oviposição e oviposição mais longo foi registado em rabanete selvagem e *Euphorbia spp.* Observou-se um período de ovo e ninfa significativamente mais longo (5,55±0,69 e 7,66±0,88 dias) em *Euphorbia spp.* seguido de rabanete selvagem (4,66±0,33 e 6,33±0,33 dias). O período de pupa e adulto foi o mais elevado em *Euphorbia spp.*, ou seja, 4,55±0,50 e 1,77±0,19 dias, seguido do rabanete selvagem. O ciclo de vida significativamente mais longo foi registado em *Euphorbia spp.* entre as espécies de ervas daninhas testadas, o que indica que a mosca branca no rabanete selvagem tem o ciclo de vida mais curto. No presente estudo, a longevidade mais elevada dos machos adultos (3,88±0,38 dias) e das fêmeas (6,22±0,84 dias) foi registada em *Euphorbia spp*, seguida do rabanete selvagem.

Os resultados do estudo atual com a erva *Euphorbia* corroboram as conclusões de Gerling (1967), que indicou que o período mais longo do ciclo de vida da mosca branca, que era semelhante a todas as fases de desenvolvimento de *B. tabaci,* foi encontrado em *Malva parviflora.* e também de acordo com Byrne e Draeger (1989) e Watson *et al.* (1992), que descobriram que a alface não era um bom hospedeiro para *B. tabaci*. No entanto, partindo do princípio de que um tempo de desenvolvimento curto numa determinada planta é uma indicação de boa aptidão como hospedeiro, os nossos resultados com o rabanete selvagem (o pior hospedeiro) coincidem com os obtidos por Coudriet *et al.* (1986), que registaram o tempo mínimo de desenvolvimento de *B. tabaci* nesta planta. A biologia da mosca branca em *Euphorbia spp* e rabanete selvagem está de acordo com o trabalho de Gameel (1972), que constatou que estas infestantes podem ser hospedeiros alternativos da mosca branca do tomateiro.

Muniz (2000) observou a diferença significativa em alguns parâmetros reprodutivos dos biótipos B e Q de *Bemisia tabaci* (Gennadius) em relação a quatro espécies de plantas daninhas de inverno determinadas em um ensaio de não escolha. A fecundidade (ovos) mais elevada (pupas e adultos) foi registada em *Malvaparviflora* L., seguida de *Capsella bursa-pastoris* L. e *Brassica kaber* e *Lactuca serriola* L. Os presentes resultados indicaram que a temperatura e a humidade relativa dos meses influenciaram significativamente o período de desenvolvimento mais elevado das diferentes fases da mosca branca em diferentes cultivares de tomate e em ervas daninhas hospedeiras. Sob uma série de temperaturas constantes, foi encontrada uma correlação inversa significativa entre o tempo de emergência mediana e a temperatura (Byrne e Bellows, 1991).

5.2 Estudos sobre a identificação de biótipos de mosca branca através da técnica de marcadores

5.2.1 Identificação de biótipos de mosca branca com marcador RAPD

As moscas brancas foram recolhidas em campos de tomate de cinco locais diferentes, *nomeadamente* Chikkabalapur, Hadonahalli, Kolar, MRS (Main Research Station, Hebbal) e GKVK. A identificação dos biótipos e a diversidade genética foram estudadas utilizando marcadores RAPD selecionados. Na Índia, durante a última década, foram disponibilizadas moléculas para identificar variantes de *B. tabaci* que, de outro modo, não se distinguem morfologicamente. O RAPD baseado em PCR foi utilizado para diferenciar as variantes *de B. tabaci* (Lima *et al.*, 2000; De Barro e Driver, 1997, Gawel e Bartlett, 1993) e para estimar a relação genética de populações estreitamente relacionadas das mesmas localizações geográficas (Moya *et al.*, 2001; Abdullahi *et al.*, 2003; Maruthi *et al.*, 2001). Mais recentemente, as sequências genómicas conservadas são utilizadas para elucidar a genética das populações e forneceram um quadro biogeográfico alargado para *B. tabaci* (De Barro *et al.*, 2000; Frohlich *et al.*, 1999; Brown, 2002). O OPA 13 produziu um maior número de bandas, o que foi previamente registado por Lima *et al.* (2000), que amplificaram a sequência da mosca branca produzindo 20 bandas. No presente estudo, a diversidade da população de mosca branca foi observada com base nas espécies hospedeiras. Foi bem evidente a partir do dendrograma, que resultou em três grandes grupos que acomodam populações de mosca branca de diferentes locais, mas das mesmas plantas hospedeiras. O agrupamento maior 'A' foi novamente dividido em agrupamentos menores A₁ e A_2 , A_3 representando populações hospedeiras de tomate. Lima *et al.* (2000) referiram que os indivíduos do biótipo B estavam dispersos de forma independente nas localidades onde as amostras foram recolhidas, especialmente no algodão. O principal grupo "B" representava maioritariamente a população de mosca branca recolhida do tomateiro e foi posteriormente dividido em B1 e B2, representando a população de mosca branca recolhida do tomateiro. O agregado A1 actuou de forma diferente, compreendendo apenas moscas brancas colhidas do tomate de Chikkabalapur, formando um agregado separado; pode suspeitar-se que esteja reprodutivamente isolado da população obtida de culturas de tomate. Da mesma forma, Lima *et al.* (2000) evidenciaram a formação de alguns grupos de indivíduos de acordo com as localizações. Os seus resultados sugerem que já ocorreu uma diferenciação de populações, principalmente de acordo com a região geográfica. Entre os biótipos de *B. tabaci,* o biótipo B, nas duas décadas anteriores, foi amplamente distribuído e causou enormes perdas em todo o mundo como praga e vetor de viroses (Banks *et al.,* 2001; Polston e Anderson, 1997). O biótipo B tem caraterísticas biológicas distintas, juntamente com padrões de esterase e RAPD que mostraram pouca variação (Costa e Brown, 1991; Costa *et al.,* 1993).

Três bandas distintas de tamanhos *viz.,* 350, 800 pb e 1kb foram produzidas pelo primer B11 Rekha *et al.* (2005); Bel-kadhi *et al.* (2008) que relataram que a caraterização molecular dos biótipos *de B. tabaci* produziu 220 pares de bases usando o marcador de microssatélite Bem-23 mostrou a presença do biótipo "B" em 7 dos 8 locais geotérmicos. À semelhança do nosso estudo, foram produzidas bandas claramente distintas de 220 pb e 1kb pelo iniciador OPB11 e H16. O biótipo B foi relatado pela primeira vez em Kolar, no estado de Karnataka, sul da Índia, durante a estação de crescimento do verão (março - junho) de 1999 (Banks *et al.,* 2001). Num estudo diferente (Rekha *et al.,* 2005), a análise de agrupamento de dados RAPD separou as amostras de *B. tabaci* em grupos do Norte e do Sul de Karnataka. Foi inferido que os diferentes padrões de cultivo e as diversas condições climáticas nas regiões norte e sul de Karnataka podem ser responsáveis por essa aparente diversidade em *B. tabaci,* que, de outro modo, se agrupou em localizações geográficas. É importante salientar que a nossa investigação oferece a pista de que, numa região geográfica estreita, existe variação com base nos locais utilizados pela população de moscas brancas a nível molecular.

Espera-se que o nosso presente estudo dê origem a algumas reflexões. É possível que os grupos A e B sejam biótipos distintos, enquanto Ai, A_2 são biótipos estreitamente relacionados. O biótipo B está agora presente na maior parte do Sul da Índia a partir do ponto original de introdução durante 1999 em Kolar, no distinto Karnataka (Rekha *et al.,* 2005). A rápida propagação do biótipo B da mosca branca no Sul da Índia foi observada noutras partes do mundo (Schuster *et al.,* 1999). A população de mosca branca do algodão é identificada como biótipo B por Lima *et al.* (2000). Por conseguinte, no presente estudo, parte-se do princípio de que a população obtida no tomateiro pode ser confirmada como biótipo "B".

De um modo geral, os resultados indicaram que o marcador RAPD utilizado neste estudo permitiu descobrir a variação genética presente nos estudos de biótipos ao nível da sequência de ADN e identificou a existência de um biótipo distinto "B", que é diferente de outros biótipos da gama restrita das localizações geográficas.

De um modo geral, o nosso estudo confirma a existência de uma população do biótipo B e necessita de mais análises moleculares para compreender as relações fisiológicas e evolutivas, que podem lançar luz sobre a perspetiva taxonómica e as decisões de gestão de pragas.

CAPÍTULO 6. RESUMO

As conclusões das presentes investigações efectuadas entre 2014 e 2015 sobre a biologia e a identificação de biótipos de mosca branca, *B. tabaci* (Gennadius) no tomate são resumidas neste capítulo.

Estudos sobre a biologia da mosca branca em três cultivares de tomate: O período de pré-oviposição e oviposição em três cultivares de tomate variou de 1,33±0,33 a 2,88±0,50 dias. O período de pré-oviposição e oviposição mais longo foi registado em Arka Abha. O período máximo de oviposição e ninfas foi de 12,22±1,34 e 11,66±0,66 dias em Arka Abha. Por outro lado, o período mínimo de ovo e ninfa foi observado em Arka vikas, ou seja, 10,22±0,69 e 8,33±0,33 dias, respetivamente. Os períodos pupal e adulto mais elevados, de 7,21±0,50 dias e 3,66±0,88 dias, foram observados em Arka Abha e Avinash-II, respetivamente, seguidos por Arka vikas. Entre as cultivares de tomate, o ciclo de vida mais longo da mosca branca (42,09±2,58 dias) foi registado em Arka Abha; no entanto, em Arka vikas registou-se o menor período de ciclo de vida. A longevidade mais elevada dos machos adultos (10,44±0,84 dias) e das fêmeas (12,55±0,38 dias) foi registada na Arka abha, seguida da Arka vikas e da Avinash -II.

Estudos sobre a biologia da mosca branca em duas espécies de ervas daninhas: O período de pré-oviposição e oviposição da mosca branca variou entre 1,33±0,33 e 2,33±0,33 dias nas espécies de infestantes. O período mais longo de pré-oviposição e oviposição foi registado em rabanete selvagem e *Euphorbia spp.* O período máximo de ovo e ninfa de 5,55±0,69 e 7,66±0,88 dias foi registado em *Euphorbia spp,* respetivamente. Por outro lado, os períodos mínimos de ovo e ninfa, ou seja, 4,66±0,33 dias e 6,33±0,33 dias, foram observados no rabanete selvagem, respetivamente. O período pupal e adulto mais elevado foi (4,55±0,50 e 1,77±0,19 dias, respetivamente) em *Euphorbia spp,* seguido de rabanete selvagem. Entre as espécies de ervas daninhas, o ciclo de vida mais longo (42,09±2,58 dias) da mosca branca foi registado em *Euphorbia spp;* no entanto, no rabanete selvagem foi registado o período de ciclo de vida mais baixo. A longevidade mais elevada dos adultos (machos 3,88±0,38 dias e fêmeas 6,22±0,84 dias) foi observada em *Euphorbia spp.* seguida do rabanete selvagem.

Foi registado o biótipo B de B. *tabaci* nas áreas estudadas através da técnica de marcadores e A avaliação da variabilidade genética das populações de *B. tabaci* da mosca branca do tomateiro provenientes de tomate e de diferentes locais de Bengaluru, na Índia, indicou que a população é diversificada com base nas espécies hospedeiras de diferentes locais. O padrão de agrupamento observado no dendrograma mostrou que existiam pelo menos dois biótipos distintos entre as populações recolhidas na região estreita do Estado. Estas diferenças podem estar a influenciar as capacidades de vectorização de vírus da população de moscas brancas e também a sua suscetibilidade a insecticidas, o que requer mais estudos.

PLACAS

Whitefly eggs

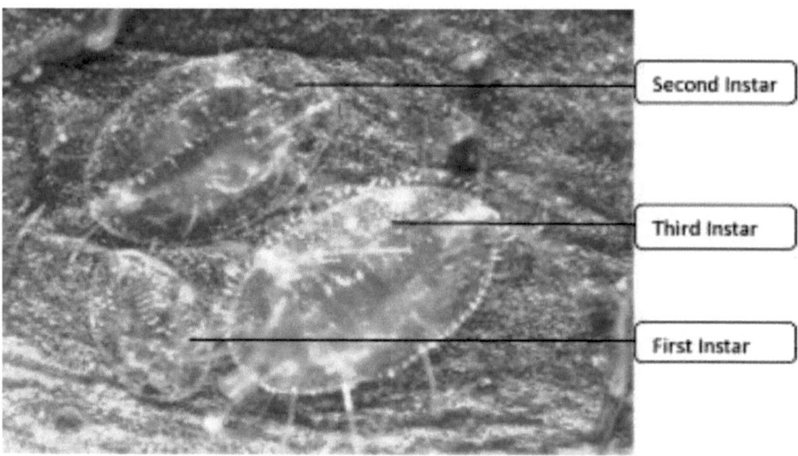

Ist , IInd, IIIrd instar nymphs

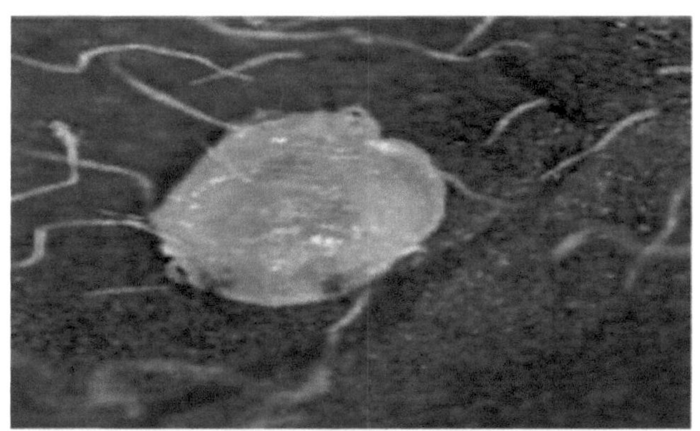

IV Instar ninfa

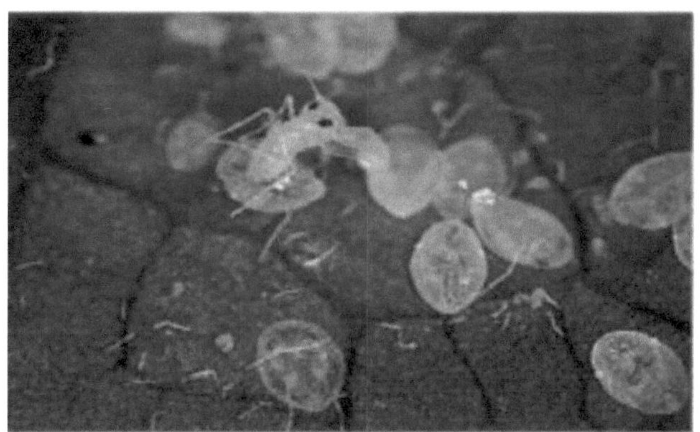

Adulto emergido das pupas

População de mosca branca no tomate

Adulto Feminino e Masculino

Adulto libertado em saco de polietileno

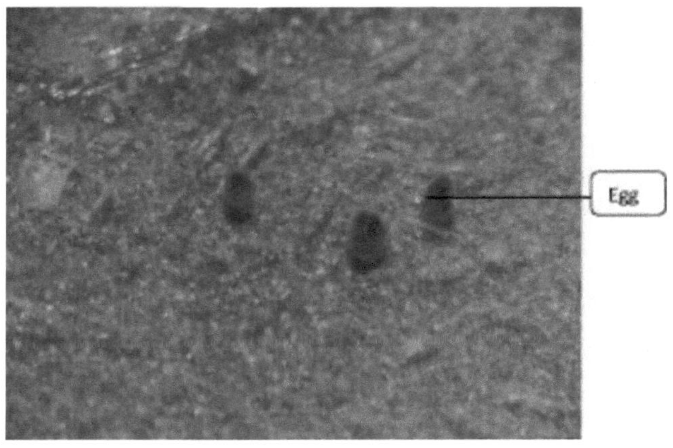

Ovos de mosca branca em rabanete selvagem

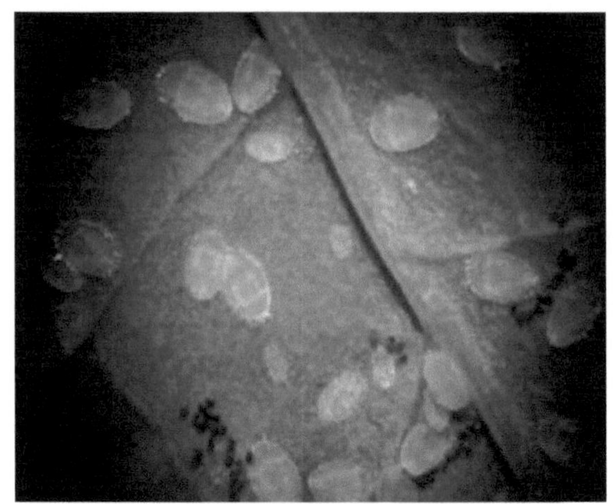

I[st] , IInd , IIIrd , IVth ninfas de instar em rabanete selvagem

Adulto de mosca branca em rabanete selvagem

Tabelas

Quadro 1 Duração das fases de vida da mosca branca, Bemisia tabaci, em cultivares de tomate

Month	Tomato cultivars	Duration (Mean days ±SD*)								
		Pre-oviposition	Oviposition	Egg	Nymph	Pupal	Adult	Life cycle	Adult male	Adult female
October-November	Arka vikas	1.33±0.33	2.21±0.50	10.22±0.69	8.33±0.33	3.66±0.66	3.10±0.69	28.86±1.70	4.21±0.50	7.77±0.19
February -March	Avinash-II	2.10±0.69	2.33±0.33	11.55±0.66	9.66±0.87	5.21±0.50	3.66±0.88	34.53±2.39	5.88±0.50	8.33±0.33
December -January	Arka Abha	2.88±0.50	5.11±1.16	12.22±1.34	11.66±0.66	7.21±0.50	2.99±0.57	42.09±2.58	10.44±0.84	12.55±0.38
Mean		2.10±0.50	3.21±0.66	11.33±0.89	9.88±0.62	5.36±0.55	3.25±0.71	35.16	6.84±0.61	9.55±0.30

DP* Desvio-padrão

Tabela 2: Duração das fases de vida da mosca branca, _Bemisia tabaci_, no hospedeiro infestante

Month	Weed host	Duration (Mean days ±SD*)								
		Pre-oviposition	Oviposition	Egg	Nymph	Pupal	Adult	Life cycle	Adult male	Adult female
October-November	Euphorbia spp.	1.11±0.19	2.33±0.33	5.55±0.69	7.66±0.88	4.55±0.50	1.77±0.19	22.98±2.08	3.88±0.38	6.22±0.84
November -December	Wild radish	1.33±0.33	2.22±0.38	4.66±0.33	6.33±0.33	4.10±0.50	1.55±0.50	20.20±0.76	2.77±0.38	4.99±0.33
Mean		1.22±0.26	2.27±0.35	5.10±0.51	6.99±0.60	4.32±0.50	1.66±0.34	21.59±1.42	3.32±0.38	5.60±0.58

DP* Desvio-padrão

<u>Quadro 3: Locais de amostragem de Bengaluru para avaliar a identificação e a diversidade de biótipos em populações *de B. tabaci* do tomateiro</u>

Location	Date of sampling	Ecosystem	Population code
Chikkaballapur	28.02.2011	Poly crop plain terrains	CHI
Hadonahalli, KVK	17.02.2011	Poly crop plain terrains	HAD
Kolar	27.02.2011	Poly crop plain terrains	KOL
Main Research Station (MRS), Hebbal	22.02.2011	Poly crop plain terrains	MRS
GKVK,UAS	21.02.2011	Poly crop plain terrains	GKV

Quadro 4: Matriz das distâncias genéticas baseada nas distâncias euclidianas do coeficiente de semelhança que mostra a relação entre as populações de *B. tabaci* do tomateiro de diferentes localizações de Bengaluru, Índia, utilizando marcadores RAPD e UPGMA

Case	CHI	HAD	KOL	MRS	GKV
CHI	0				
HAD	3.46	0			
KOL	2.83	2	0		
MRS	3.74	3.16	3.16	0	
GKV	4.47	3.16	3.74	2.45	0

Chikkaballapur (CHI); Hadonahalli (HAD); Kolar (KOL); Estação Principal de Investigação (MRS); GKVK (GKV)

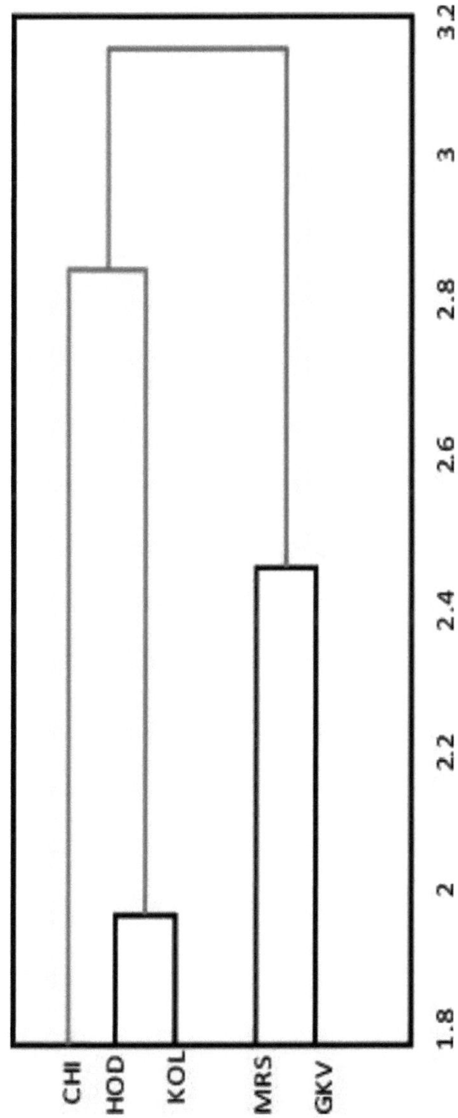

Fig. 5: Dendrograma que mostra o agrupamentoUPGMA de *B. tabaci* **originária de diferentes localidades da planta hospedeira do tomateiro com base em polimorfismos RAPD-PCR utilizando seis iniciadores**

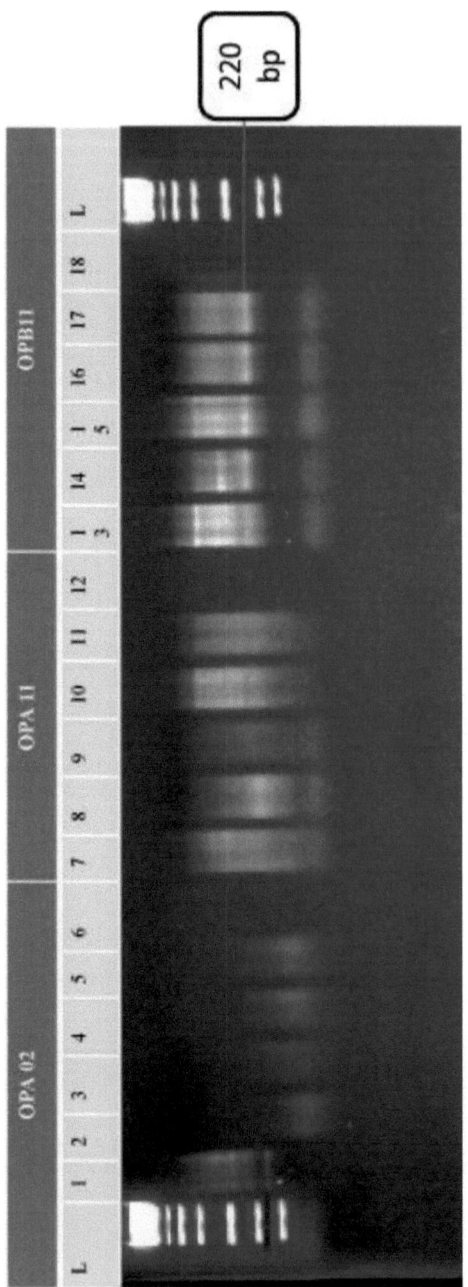

Fig. 3: Padrão de bandas de ADN de biótipos de mosca branca gerados por marcadores RAPD

L: Escada, 1,7,13 : Chikkaballapur; 2, 8, 14: Hadonahalli, KVK; 3, 9, 15:Kolar; 4, 10,16 :MRS, Hebbal; 5, 11, 17 :GKVK,UAS; 6, 12, 18 : Água

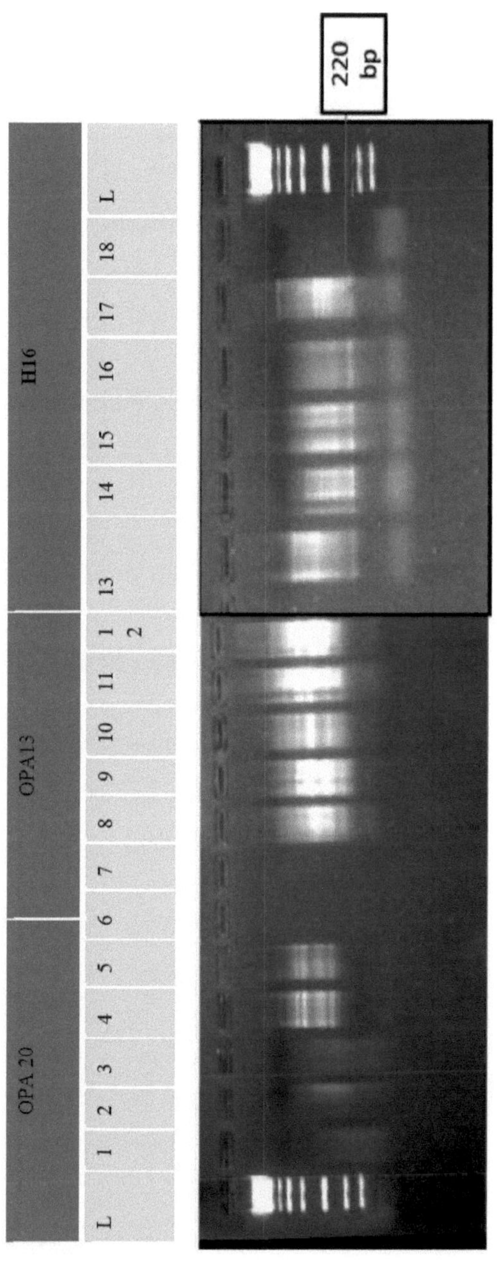

Fig. 4: Padrão de bandas de ADN de biótipos de mosca branca gerado por marcadores RAPD

L: Escada, 1,8,13 : Chikkaballapur; 2, 9, 14: Hadonahalli, KVK; 3, 10, 15:Kolar; 4, 11,16 :MRS, Hebbal; 5, 12, 17 :GKVK,UAS; 6, 7, 18 : Água

35

REFERÊNCIAS

ABDULLAHI, I., WINTER, S., ATIRI, G.I. AND THOTTAPPILLY, G., 2003, Molecular characterization of whitefly, *Bemisia tabaci* (Hemiptera: Aleyrodidae) populations infesting cassava. *Bull. Entomol., Res.,* 93: 97106.

ANONYMOUS, 2000a, Alimentos preparados, 169: 11. www.preparedfoods.com

ARNAL, E., RUSSELL, L.M., DEBROT, E., RAMOS, F., CERMEL. M., MERCANO, R. AND MONTAGNE, A., 1993a, A listing of whiteflies and their host plants in Venezuela. *Florida Entomologist.* 76: 365-381.

BANKS, G.K., COLVIN, J., CHOWDA REDDY, R.V., MARUTHI, M.N., MUNIYAPPA, V., VENKATESH, H.M., KIRAN KUMAR, M., PADMAJA, A S., BEITIA, F.J. AND SEAL, S.E., 2001, First report of the *Bemisia tabaci* b biotype in India and an associated tomato leaf curl virus disease epidemic. *Pl. disease,* 85: 231.

BEL-KADHI, M. S., ONILLON, J. C. E CENIS, J. L., 2008, Molecular characterization of *Bemisia tabaci* biotypes in Southern Tunisia. *Tunísia. J. Pl. Prot.* 3: 79-84.

BROWN, J. K., FROHLICH, D. R. E ROSELL, R. C, 1995. As moscas brancas da batata-doce ou da folha prateada: biótipos de *Bemisia tabaci* ou um complexo de espécies? *Ann. Rev. Entomol,* 40: 511-534.

BROWN, J.K., 1994, Current status of *Bemisia tabaci* as a plant and virus vetor in agro ecosystems world wide. *FAO Plant Prot. Bull,* 41: 3-32.

BROWN, J.K., 2002, The molecular epidemiology of begomovirus. In: plant viruses as molecular pathogens. KHAN, J.A. E DIJKSTRA, J., (Eds,). Haworth press, Nova Iorque, pp: 279-316.

BUTLER, G.D., HENNEBERRY, T.J. E CLAYTON, T.E., 1983, *Bemisia tabaci* (Homoptera: Aleyrodidae): Desenvolvimento, oviposição e longevidade em relação à temperatura. *Ann. Entomol. Soc. Am.,* 76: 310-313.

BYRNE, D. N. E DRAEGER, E. A., 1989. Efeito da maturidade das plantas na oviposição e mortalidade ninfal de *Bemisia tabaci* (Homoptera: Aleyrodidae). *Environ. Entomol.,* 18: 429-432.

BYRNE, D.N. E BELLOWS, J.T.S., 1991, Whitefly Biology. *Annu. Rev. Entomol,* 36:431-457.

CAMPBELL, B. C., STEPHEN-CAMPHELL, J. D. E GILL, R., 1996, Origin and radiation of whiteflies: an initial molecular phylogenetic assessment. In: Gerling, D., Mayer, R.T. (eds.), *Bemisia 1995: Taxonomy, Biology, Damage, Control and Management.* Intercept, Reino Unido, pp. 29-52.

CHAUDHURI, N., DEB, D C. AND SENAPATI, S.K., 2001, Biology and fluctuation of whitefly

(Bemisia tabaci Genn.J population on tomato as influenced by abiotic factors under Terai region of West Bengal. *Indian J. Agric. Res.,* 35 (3): 155 - 160.

CHU, D., JIANG, T., LIU, G.X., JIANG, D.F., TAO, Y.L., FAN, Z.X., ZHOU, H.X. E BI, Y.P., 2007, Biotype status and distribution of *Bemisia tabaci* (Hemiptera: Aleyrodidae) in Shandong province of China based on Mitochondrial DNA Markers. *Environ. Entomol.,* 36(5): 1290-1295.

COSTA, H. S., JOHNSON, M. W., ULLMAN, D. E., OMER, A. D. AND TABASHNIK, B. E.,1993, Sweetpotato whitefly (Homoptera: Aleyrodidae): analysis of biotypes and distribution in Hawaii. *Environ. Entomol.,* 22: 16-20.

COSTA, H.S. E BROWN J.K., 1991, Variação nas caraterísticas biológicas e nos padrões de esterase entre populações de *Bemisia tabaci* e as associações de uma população com a indução de sintomas de folha prateada. *Entomol. Exp. Appli.,* 16: 211- 219.

COUDRIET, D. L., MEYERDIRK, D. E., PRABHAKER, N. E KISHABA, A. N., 1986. Bionomics of sweetpotato whitefly (Homoptera: Aleyrodidae) on weeds hosts in the Imperial Valley, California. *Environ. Entomol.,* 15: 1179-1183.

DE BARRO, P.J. E DRIVER, F., 1997, Utilização de RAPD PCR para distinguir o biótipo B de outros biótipos de *Bemisia tabaci* (Gennadius) (Hemiptera: Aleyrodidae). *Aus. J. Entomol.,* 36: 149-152.

DE BARRO, P.J., DRIVER, F., TRUEMAN, J.W.H. AND CURRAN, J., 2000, Phylogenic relationship of world populations of *Bemisia tabaci* (Gennadius) using ribosomal ITSI. *Mol. Phylogeny. Evolut.,* 16: 29-36.

FROHLICH, D. R. AND BROWN, J. K., 1994, Mitochondrial 16s ribosomal subunit as a molecular marker in *Bemisia tabaci* and implications for population variability. *Bemisia News Letter* 8:3.

FROHLICH, D.R., TORRES-JEREZ, I., BEDFORD, ID., MARKHAM, P.G. AND BROWN, J.K., 1999, A phylogeographical analysis of *Bemisia tabaci* species complex based on mitochondrial DNA markers, *Mol. Ecol,* 8: 1683-1691.

GAMEEL, O. I., 1972. Uma nova descrição, distribuição e hospedeiros da mosca branca do algodão *(Bemisia tabaci* Genn.). *Revista de Zoologia e Botânica de África,* 86: 50-64.

GANESHA NAIK, R., MUNIYAPP A, V. AND COLVIN, J., 2003, Host preference and natural occurrence of *Bemisia tabaci (Gennadius)* on weed hosts - a vetor of tomato leaf curl Geminivirus disease. *Indian J. Agric. Res.,* 37 (4): 253 - 258.

GAWEL, N. J. E BARTLETT, A. C., 1993, Characterization of differences between whiteflies using RAPD-PCR. *Insect Mol. Biol.,* 2:33-38.

GAWEL, N. J. E BARTLETT, A. C., 1993, Characterization of differences between whiteflies using RAPD-PCR. *Insect Mol. Biol.,* 2:33-38.

GERLING, D., 1967, Bionomics of whitefly parasite complex associated with cotton in south California (Homoptera: Aleyrodidae, Hymenoptera: Aphelinidae). *Ann. Ent. Soc. Am.,* 60: 1306-1321.

GREATERHEAD, A.H., 1986, Plantas hospedeiras, In: *"Bemisia tabaci.* A literature survey" (M.J.W. Cock, Ed.). CAB International institute of Bio control, Silwood Parki, Ascot, Berks, UK. pp. 7-25.

GRUENHAGEN, N.D., PERRING, T.M., BEZARK, L.G., DAOUD, DM. AND LEIGH, T.F., 1993, Silverleaf whitefly present in the san Joaquin valley. *California Agric.,* 47: 4-6.

HARRISON, B.D., SWANSON, M.M., MCGRATH, P.F. E FARGETTE, D., 1991, Patterns of antigenic variation in whitefly-transmitted Gemini viruses. Relatório do Scottish Crop Research Institute para 1990:88-90.

HOELMER, K.A., OSBORNE, L.S. AND YOKOM, R.K., 1991, Association of foliage disorders in Florida with feeding by sweet potato whitefly *Bemisia tabaci. Florida Ent., 74:* 162-166.

IRRISTAT (1993): estatísticas, versão 3.1. Unidade de Biometria, Instituto Internacional de Investigação do Arroz, Filipinas

ISLAM, T.M. E SHUNXIANG, R., 2007, Desenvolvimento e reprodução de *Bemisia tabaci* em três variedades de tomate. *J. Entomol,* 4(3):231-236.

LIMA, L.H.C., NAVIA, D., INGLIS, P.W. E DE OLIVEIRA, M.R.V., 2000, Levantamento de biótipos de *Bemisia tabaci* (Gennadius) (Hemiptera: Aleyrodidae) no Brasil utilizando marcadores RAPD. *Genetics and Mol. Biol.,* 23(4): 781-785.

LIN, L. AND REN, S. X., 2005, Development and reproduction of 'B' biotype *Bemisia tabaci* (Gennadius) (Homoptera: Aleyrodidae) on four ornamentals. *Insect Sci.,* 12:137-142.

MARKHAM, P.G., BEDFORD, ID., LIU, S. E PINNER, MS., 1994, The transmission of Gemini viruses by *Bemisia tabaci. Pestic. Sci.,* 42: 123128.

MARTIN, N.A., 1999, Whitefly: how to avoid whitefly and control them: the principles. *Crop and Food Res., Broadsheet,* 94: 1-8.

MARUTHI, M. N., MUNIYAPPA, V., GREEN, S. K., COLVIN, J. AND HANSON, P., 2001, Resistance of tomato and sweet-pepper genotypes to Tomato leaf curl Bangalore virus and its vetor *Bemisia tabaci. International Journal of Pest Management,* 49 (4): 297-303.

MOUND, L A. AND HALSEY, S.M., 1978, Whitefly of the world. British Natural History Museum, Londres e John Wiley, Chickester, 340.

MOYA, A., GUIRAO, P., CIFUENTIS, D., BEITIA, F. E CENIS, J.L., 2001, Genetic diversity of Iberian populations of *Bemisia tabaci* (Hemiptera: Aleyrodidae) based on random amplified polymorphic DNA-polymerase chain reaction. *Mol. Ecol.,* 10: 891897.

MUNIYAPPA, V. E VEERESH, G.K., 1984, Plant virus diseases transmitted by whiteflies in Karnataka. *Actas* da *Academia Indiana de Ciências, (AnimalSci.,)* 93:397-406.

MUNIZ, M., 2000, Host suitability of two biotypes of *Bemisia tabaci* on some common weeds. *Entomologia Experimentalis et Applicata,* 95: 63-70.

MUSA, P.B. E REN, S.X., 2005, Desenvolvimento e reprodução de *Bemisia tabaci* (Homoptera: Aleyrodidae) em três espécies de feijão. *Insect Sci.,* UK, 12:25-30.

MUSA, P.B., 2003, Desenvolvimento e reprodução da mosca branca da batata-doce *(Bemisia tabaci)* (Homoptera: Aleyrodidae) em três espécies de feijão. Tese de Mestrado, South China Agric. Univ., Guangzhou, china.

NDIAYE, M., 2007, Life table study of the silver leaf whitefly, *Bemisia argentifolii [Bemisia tabaci* (Gennadius) Biotype B.]. *Manejo de Pragas em Ecossistemas Hort. Ecosystems.* 13: 347-349.

NHB, 2010, Indian Horticulture Database, National Horticultural Board, Ministério da Agricultura, Governo da Índia. 9 de fevereiro de 2010, Singapura.

PERRING, T.M., COOPER, A.D., RODRIGUEZ, R.J., FARRER, C.A. AND BELLOWS, T.S., 1991, Identification of whitefly species by genomic and behavioural studies. *Sci.,* 259: 74- 77.

PERUMAL, Y., MARIMUTHU, M., SALIM, A.P. E PONNUSAMY, B., 2009, Variações populacionais mediadas pela planta hospedeira da mosca branca do algodão *Bemisia tabaci* Gennadius (Aleyrodidae: Homoptera) caracterizadas com marcadores aleatórios de ADN. *Am. J. Biochem andBiotechnol, 5* (1): 40-46.

POLSTON, J. E. ANDERSON, P. K. 1997, The emergence of whitefly transmitted geminiviruses in tomato in the Western Hemisphere. *Plant Dis.,* 81, 1358-1369.

REKHA, A.R., MARUTHI, M.N., MUNIYAPPA, V. AND COLVIN, J., 2005, Occurrence of three genotypic clusters of *Bemisia tabaci* (Gennadius) and the rapid spread of the b-biotype in South India. *Entomologia experimentalis at Applicata,* 117: 221-233.

SAIKIA, A.K. AND MUNIYAPPA, V., 1989, Epidemiology and control of tomato leaf curl virus in south India. *TropicalAgric,* 66: 350- 354.

SALAS, J. E MENDOZA, O., 1995, Biologia da mosca branca da batata-doce (Homoptera: Aleyrodidae) no tomate. *Florida Entomologist,* 78: 154-160.

SASTRY, K.S.M. E SINGH, S.J., 1973, Assessment of losses of tomato caused by tomato leaf curl virus. *Indian J. Mycol. Pl. Pathol.,* 3: 50- 54.

SCHUSTER, D.J., 2004, Squash as a trap crop protect tomato from whitefly - vectored tomato yellow leaf curl. *Interno. J. Pest Management,* 50 (4):281- 284.

TEW ARI, G.C E KRISHNAMOORTHY, P.N., 1984, Perda de rendimento no tomate causada pela broca do fruto. *Indian J. Agri. Sci.,* 54:341-343.

THOMPSON, H.C. E KELLY, W.C., 1957, Vegetable crops. 5th Edition. McGraw Hill Book Co. Inc. New York, pp: 563.

WANG, KAIHONG, TSAI. AND JAMES, H., 1996, Temperature effect on development and reproduction of Silver leaf Whitefly (Homoptera: Aleyrodidae). *Ann. Entomol. Soc. Am.,* 89:375-384.

WATSON, T. F., SILVERTOOTH, J. C., TELLER, A. E LASTRA, L., 1992, Seasonal dynamics of sweetpotato whitefly in Arizona. *Southwest Entomol,* 17: 149-167.

Printed by Books on Demand GmbH, Norderstedt / Germany